AF455749

LETTRE

SUR

LE PLOMB LAMINÉ.

LETTRE

SUR

LE PLOMB LAMINÉ,

Avec un Rapport de MM. les Commissaires nommés par l'Académie des Sciences, Belles-Lettres & Arts de Rouen, pour examiner les opérations du Laminoir,

Lu à l'Académie le 17 Juin 1772.

A ROUEN.

De l'Imprimerie de LAURENT DUMESNIL, rue de l'Ecureuil.

M. DCC. LXXII.

Avec Permission.

LETTRE

SUR

LE PLOMB LAMINÉ,

VOUS me demandez, Monſieur, ce que je penſe de l'ouvrage de M. Rémond, intitulé : *Mémoire ſur le laminage du Plomb* ; il eſt très-aiſé de vous ſatisfaire. Cet Ouvrage n'eſt pas nouveau ; il a paru il y a quelques années : on l'a réimprimé derniérement : cela juſtifie la préférence que vous lui donnez ſur certaines nouveautés ennuyeuſes ; & dès-lors je ſens que vous deſirez moins que je vous diſe ma penſée ſur l'ouvrage que ſur l'objet qu'il traite ſavamment : au reſte je ne puis vous parler de l'un ſans l'autre ; ainſi en paroiſſant éluder la lettre de votre demande, j'en remplirai néceſſairement l'eſprit, & vous connoîtrez par l'expoſition de mes principes ſur le laminage du Plomb, ma façon de penſer entiérement relative aux lumieres de cet Auteur.

L'art de laminer un métal conſiſte à lui donner une épaiſſeur arbitraire, mais uniforme, par le moyen d'une compreſſion toujours égale ; il acquiert alors différentes qualités.

1°. Dès qu'il eſt ſuſceptible d'extenſion, il acquiert au Laminoir une égalité uniforme dans toutes ſes parties. Or il eſt facile de concevoir qu'en préſentant moins de ſurfaces aux intempéries de l'air, il doit réſiſter plus long-temps qu'un ſemblable métal, qui n'ayant point ſubi cette même preſſion, n'a point la même égalité.

2°. Tirer le Plomb à la filiere ou le

passer entre deux cylindres, c'est éprouver sa pureté. Il est des métaux, qui par leurs qualités non ductiles, ne peuvent souffrir cette compression sans la désunion de leurs parties adhérantes : les demi-métaux, tels que le Zinc, le Bismuth, les Regules d'antimoine & d'arsenic, sont de ce nombre : il s'en suit que si le Plomb admet, lors de sa fusion, quelques-uns de ces demi-métaux, la lingotiere, ou tout autre moule, les reçoit indistinctement, mais le Laminoir ou la filiere, ne peuvent les étendre sans auparavant les dépouiller de leurs parties hétérogenes & cassantes.

Ainsi dès que la densité des métaux, causée par la pression des filieres ou des cylindres, nous démontre évidemment que nul métal fragile ne peut faire partie d'un métal ductile, sans lui communiquer son aigreur, nous devons conclure que le Plomb qui souffre l'épreuve du Laminoir, est préférable à celui qui ne la souffre pas. En effet, lorsque l'on passe sous le Laminoir du Plomb que l'on a fondu auparavant & mêlé avec le régule d'antimoine ou autre démi-métal, ce Plomb se brise en plusieurs endroits.

3°. Il en résulte encore d'autres avantages qui ne peuvent faire hésiter un instant sur la préférence due au Plomb laminé sur celui qui ne l'est pas; en effet il y a une épargne évidente dans l'usage du premier. Son épaisseur étant uniforme, & les tables plus étendues, il y entre conséquemment moins de plomb & moins de soudure. Vous avez besoin, par exemple, de 100 pieds quarré de Plomb d'une ligne d'épaisseur, cette épaisseur étant égale par-tout, les cent pieds ne doivent peser que 550 liv.

Les tables de Plomb coulé au contraire péseront, vu leurs inégalités, 8 & 900 l. vous aurez donc tout ensemble à payer & plus de matiere & plus d'emploi en pure perte: un ouvrage en Plomb lamiminé consomme le tiers ou quelquefois la moitié moins de matiere qu'un autre de même mesure en Plomb coulé.

La soudure est encore un objet important. Les tables de Plomb laminé ont ordinairement 25 & 30 pieds de long sur 4 pieds 8 & 9 pouces de large & même 5 pieds, ce qui est le double des tables de Plomb coulé, c'est donc moitié moins de dépense en soudure.

Mais encore l'uniforme épaisseur du Plomb laminé a nécessairement un avantage inestimable sur le Plomb coulé; il surcharge moins les charpentes : dans l'un il n'y a que le poid nécessaire, dans l'autre il y a un tiers, un quart de superflu. D'ailleurs l'inégale épaisseur produit un effet facheux dans les couvertures, le fort emporte le foible; les endroits unis cedent aux plus épais, & il se forme des crevasses : indépendamment de ces crevasses, & à plus forte raison avec elles, le Plomb coulé, présente toujours sur sa surface des petites cavités où l'eau séjourne, le mine & le pénetre. Ce défaut est encore plus sensible dans les tuyaux & canaux : le limon se dépose dans ces cellules, la masse grossit peu à peu, à la fin l'air se trouve intercepté, le canal bouché & souvent il se rompt : il est donc évident qu'une surface également épaisse & unie n'a aucun de ces inconvénients.

Aussi ces différences essentielles ont fait préférer en Angleterre le Plomb laminé qui y est en usage depuis plus de cent ans. La réponse que M. le Comte de Broglio, Ambassadeur de France à Londres, en fit à M. le Duc Dantin, sur l'usage du Plomb laminé, est décisive en cette matiere : je ne vous la copierai pas tout au long : son extrait se réduit à attester, 1°. Qu'il y a deux mille Ouvriers à Londres & environ dix mille dans toute la grande Bretagne & l'Irlande employés aux Laminoirs. 2°. Que les

Plombs du pays de Galles & de la Province de Darby, ſont les meilleurs, parce qu'ils ſont plus doux. 3°. Qu'il y a diverſes dimenſions pour l'épaiſſeur du Plomb laminé, dont le pied quarré peſe depuis cinq juſques à neuf liv. & que l'on emploie le plus épais aux endroits où l'on marche, le moyen aux goutieres & le plus mince aux toîts. 4°. Que ce Plomb étant exempt des creux & défectuoſités du Plomb coulé, réſiſte mieux. 5°. Que les feuilletages qui ſe montrent quelquefois ſur la ſurface du Plomb laminé, n'en alterent point le mérite. 6°. Enfin que depuis que l'on ſe ſert du Plomb laminé en Angleterre, on a trouvé que cinq livres faiſoient le même ſervice que huit du fondu, ce qui diminue d'autant la conſommation.

Il n'eſt pas étonnant qu'après ces épreuves & cet exemple la France ſe ſoit empreſſée à accueillir cette Manufacture. Ce fut en 1729 que la Fabrique fut établie à Paris par Lettres-Patentes ; & comme les François perfectionnent tout ce qu'ils touchent, le Laminoir qui fut placé au Fauxbourg S. Antoine, rue de Bercy, vis-à-vis les Jardins de l'Arsenal, a mérité & mérite la curiosité des Amateurs de Méchaniques ; il est à peu près le même que le Laminoir de Hambourg : quelques roues & deux cylindres font la machine & operent le laminage. Les intéressés ne pouvant suffire à la consommation avec une seule machine pour tout le Royaume, ont établi une seconde Manufacture à Desville-lès-Rouen, où il se fabrique continuellement des tables de toutes les épaisseurs, & ce avec le plus grand succès.

Les Maîtres Plombiers, comme vous le pensez, formerent opposition à cet établissement, & ils ne manquerent pas d'alléguer des raisons, mais l'utilité prévalut. Un Arrêt du Conseil du 31 Juillet 1730, les débouta à jamais. Le privilege des nouveaux Entrepreneurs a même été prorogé par Lettres Patentes, regiſtrées par-tout où beſoin a été. La Fabrique s'eſt étendue ; il s'eſt formé différents établiſſements, un entr'autres à deux lieues de Namur, ſous Samſon-ſur-Meuſe ; on y fait des tables de toutes épaiſſeurs, de 20, 40 & 50 pieds de long ſur 5 de large : *Son Alteſſe Séréniſſime* a accordé le privilege le plus flatteur, & le programme diſtribué à cette occaſion dans les Pays-Bas, annonce préciſément les motifs d'utilité que je vous ai expoſés, & que M. le Comte de Broglio expoſoit à M. le Duc Dantin. Je ne rapporterai point ici l'éloge que M. Juvenel fait de la Manufacture de Plomb laminé dans une *Diſſertation Hiſtorique* ſur les Manufactures. Voyez le Mercure, Mars 1738.

Ces ſuccès ne firent que ranimer la jalouſie des Maîtres Plombiers : ils ne pouvoient plus attaquer judiciairement les nouveaux Entrepreneurs : ils prirent la voie indirecte des écrits anonymes & des critiques sourdes : par-tout les hommes sont les mêmes. En Angleterre la Fabrique du Laminoir essuya dès son origine le même sort. En France on répéta ce qui avoit été dit à Londres; & comme si l'expérience n'avoit pas été la meilleure de toutes les réponses qui ont été faites, les Maîtres Plombiers des Provinces font réimprimer & débitent de nouveau ce qui a été imprimé & publié sans succès à Paris.

Les objections étrangeres & nationales se réduisent à ce qui suit. 1°. Que le Plomb coulé sur sable acquiert une qualité plus dence par la superficie ; mais vous voyez tout de suite que la raison & l'expérience contredisent l'assertion. Le Plomb fondu qui refroidit, reçoit toujours à sa surface un commencement de calcination : ce principe chymique est démontré par des expériences incontestables, puisqu'en refondant cette surface, que l'on nomme écume, avec des résines, on lui rend du phlogistique & on la réduit en plomb ; ainsi cette surface, que les Maitres Plombiers vantent dans leurs écrits avec tant d'emphase, est une surface qui commence à être privée de phlogistique, & à se rapprocher de l'état pulvérulent. Il s'en faut donc bien que cette surface soit avantageuse ; elle est, au contraire, un défaut sensible de la matiere, & le Laminoir rend ce défaut presqu'insensible, par la grande extension qu'il donne à cette surface.

On ajoute 2°. : que les tables de Plomb, coulé sur le sable avec soin, sont aussi égales que celles qui passent au Laminoir, puisque l'on y emploie la même quantité de matiere, & qu'elle s'y retrouve. La chose est vraie ; mais il ne suffit pas que le total ait le même poids, il faut que les parties divisées soient de même épaisseur, ou d'une uniforme égalité. C'est en ceci que consiste la différence à laquelle il n'y a point de réponse.

3°. Il est possible, dit-on, de couler sur le sable des tables aussi étendues que celles que le Laminoir étend : oui sans doute, s'il étoit possible qu'une matiere en fusion ne se figeât pas en traversant une étendue de sable glaçant. Or il est évident, à cet égard, qu'il y a des degrés invariables, & qu'en conséquence, après un espace donné, la matiere se fige & s'arrête ; & cet espace n'a jamais pu être pareil à celui que donne la pression du Laminoir, qui procure les longueurs que veut l'ouvrier, en diminuant tout à la fois l'épaisseur & fortifiant la matiere : il faut donc écarter ces chimériques possibilités, pour s'en tenir aux faits réels.

Au surplus, s'il y avoit quelque doute encore sur les qualités du Plomb laminé, le suffrage éclairé de l'Académie des

Sciences le leveroit assurément : on le trouvera dans ses registres. Elle atteste que » les tables sortent d'entre les cy-» lindres sans vents ni soufflures ; qu'on » peut s'en servir très-utilement à cou-» vrir des églises & des terrasses, à » construire des réservoirs & des bassins; » enfin, que les objections des Maîtres » Plombiers contre les Laminoirs ne » sont point suffisantes. «

M. Rémond fait ici une réflexion intéressante, c'est que l'Académie, en prononçant que les tables n'ont ni vents ni soufflures, a seulement entendu que les vuides causés par ces imperfections ne sont nulle part d'une profondeur apparente.

On peut voir dans son ouvrage d'autres témoignages qu'il cite, comme le procès-verbal des Fontainiers du Roi, dressé par ordre de M. le Duc Dantin, & les jugements de l'Académie d'Architecture.

Pour mettre le comble à tant d'autorités, je vais vous extraire un petit ouvrage Anglois qui traite l'objet à fond.

PREUVES

En faveur du Plomb Laminé.

» Pour prouver d'abord que le Plomb
» laminé eſt meilleur pour la couvertu-
» re des bâtiments que le Plomb coulé,
» il ſuffit de convenir de la vérité de
» deux axiomes qui n'ont pas beſoin de
» preuves : c'eſt par ces deux principes
» que nous devons juger du fait dont
» il s'agit.

PREMIER AXIOME.

» La chaleur du ſoleil étant, comme
» on en convient de part & d'autre,
» la cauſe que les convertures en Plomb
» des bâtiments ſe retirent, ſe rident,

» se crevassent ; les rayons de cet astre » qui tombent également, & avec une » force égale, sur un corps inégal dans » sa solidité & dans son épaisseur, telle » qu'est la feuille de Plomb coulé, doi» vent faire retirer & affoiblir, par » conséquent, les parties moins épaisses » & moins fortes, en faisant plus d'im» pression sur ces parties, que sur cel» les qui ont plus d'épaisseur & de force,

SECOND AXIOME.

» Si un Plombier, ou au moins deux » des principaux & des plus habiles » Maîtres Plombiers de Londres, asso» ciés ensemble (en conséquence d'une » espece de défi) pour faire montre de » leur habileté, intéressés par consé» quent à faire leur possible pour réus» sir & triompher de leurs adversaires ; » si, dis-je, ces deux Maîtres Plom» biers entreprennent de fabriquer des

» tables de Plomb coulé qui, dans tou-
» te leur étendue, soient conformes,
» pour l'épaisseur, à la mesure donnée;
» & s'ils les rendent, en effet, aussi éga-
» les qu'il leur est possible, les tables
» qu'ils produisent, après une seconde
» qu'on leur accorde, doivent être re-
» gardées comme le signe de leur capa-
» cité & de la bonté de leur méthode,
» le plus certain qu'ils puissent donner,
» & leur Plomb pour le meilleur qu'au-
» cun Plombier puisse jamais fabriquer,
» ou du moins il doit passer pour être
» au-dessus du Plomb ordinaire qui est
» dans le commerce.

» Du premier Axiome, il s'ensuit
» que si le Plombier pouvoit couler
» avec une exacte égalité toutes les par-
» ties de son Plomb, ce Plomb feroit
» une meilleure couverture, que lors-
» qu'il est plus épais dans un endroit
» que dans un autre; parce que les par-
» ties les plus épaisses & les plus fortes

» résistant

» résistant davantage à l'action des » rayons du soleil, que les parties plus » minces & plus foibles, celles-là doi- » vent se maintenir tandis que les au- » tres sont mues. * Car c'est ce mou- » vement qui, successivement & par de- » grés, fait les rides, les plis, les cre- » vasses des feuilles de Plomb ; au lieu » que si le Plomb étoit parfaitement » égal, comme le Plomb laminé l'est, » il résisteroit toujours & se maintien- » droit également par-tout contre une » force qui agit sur lui également, c'est » ce qui arrive par rapport au Plomb

---

* L'Auteur Anglois paroît regarder ici le soleil comme le plus grand ennemi du Plomb, cependant la gelée lui est encore plus nuisible, lorsque les tuyaux, goutieres & autres ouvrages de Plomb se trouvent remplis de glace. Mais si le Plomb laminé n'est pas tout-à-fait à couvert de cet inconvénient, il résiste au moins beaucoup plus que l'autre, par l'égalité de ses parties qui le rend plus fort.

» laminé, à moins que quelqu'autre » cause ou quelqu'accident ne produise » le contraire. Remarquez que cet excès » d'épaiſſeur, dans quelques endroits de » la table de Plomb coulé, eſt ce qui » en augmente le poids & le prix, & » que c'eſt cela même qui cauſe ſon dé» chet & ſa ruine.

» Le Plomb laminé qui a toujours » une exacte égalité, quoi qu'il ne ſoit » jamais plus épais que les parties les » plus minces du Plomb coulé, doit » donc être regardé comme bien meil» leur, & bien plus durable pour les » couvertures des bâtiments que le » Plomb coulé.

OBSERVATION.

» La Compagnie du Plomb laminé » ayant, en l'année 1678, propoſé au » Bureau de la Marine de fournir des » dalots en Plomb laminé, *M. Parrons*,

» *Plombier*, qui étoit alors employé
» pour cet ouvrage en Plomb fondu,
» s'opposa à l'acceptation de l'offre,
» prétendant que quoique son Plomb
» ne fut pas d'une exacte égalité, cette
» inégalité étoit néanmoins si peu con-
» sidérable, que le cent de dalots étant
» offert par la Compagnie à quatre
» schellings le cent, au-dessus du prix
» de ses dalots de Plomb coulé, ceux
» de la Compagnie coûteroient beau-
» coup plus cher au Roi. Le Bureau lui
» demanda alors à quel degré d'inégalité
» il évaluoit celle de son Plomb, à une
» demi-livre, répondit-il, sur dix li-
» vres. Sur cela ou lui commanda tren-
» te-six dalots de trois différents poids
» & mesures, savoir : de huit livres,
» de dix & de douze le pied quarré,
» avec cette condition, que sa table ne
» seroit pas plus mince, dans ses par-
» ties les moins épaisses, qu'on ne le
» prescrivoit, & qu'elle pouvoit seule-

» ment être quelquefois un peu plus
» épaisse. Le Plombier accepta les con-
» ditions & se mit à travailler. La Com-
» pagnie de Plomb laminé (à qui l'on
» commanda le même nombre de da-
» lots du même poids & de la même
» forme) & le Plombier, ayant, cha-
» cun de leur côté, fourni leurs dalots,
» tous ceux de Plomb laminé furent
» trouvés parfaitement conformes à l'é-
» paisseur ordonnée, ne pesant que
» 826 livres un quart, au lieu que ceux
» de Plomb coulé se trouverent peser
» 1210 livres trois quarts, c'est-à-dire,
» environ un tiers de plus. Le Plombier
» se voyant alors bien loin de son comp-
» te, s'en prit à la négligence de ses
» ouvriers, & allegua d'autres causes
» pareilles. Le Bureau voulut bien lui
» accorder une seconde épreuve de
» soixante-douze dalots, pour laquelle
» il prit en qualité d'Adjoint, un autre
» Maitre Plombier, nommé *Withalt*,

» qui se chargea d'une partie de l'ouvrage.
» Il n'est pas possible de douter que ces
» deux Maitres Plombiers n'eussent em-
» ployé toute leur capacité & tous
» leurs soins pour réussir dans leur en-
» treprise ; cependant le poids de leurs
» soixante-douze dalots se monta à
» 2512 livres un quart de poids, au
» lieu que les soixante-douze dalots de
» Plomb laminé n'allerent qu'à 1610 li-
» vres trois quarts, étant à peu près à
» la même proportion que dans la pre-
» miere épreuve. Le prix des dalots de
» Plomb laminé de vingt-six schellings,
» & celui des dalots de Plomb coulé est
» de 22 schellings ; les premiers étoient
» par conséquent de vingt-sept pour
» cent à meilleur marché que les se-
» conds : c'est ce qui est exposé plus au
» long dans un mémoire présenté au
» Bureau de la Marine en 1690, & qui
» est imprimé page 115, dans un petit
» livre publié depuis, où l'on rapporte

» toutes les vaines allégations des Plom» biers pour décrier le Plomb laminé, » & où l'on fait voir combien elles sont » ridicules & fausses. «

On a fait depuis diverses autres épreuves, par les ordres du Bureau de la Marine, qui, en ayant été parfaitement satisfait, a traité avec la Compagnie pour le Plomb laminé en général, par rapport au service des chantiers du Roi, * déclarant, dans ses instructions, aux Officiers des vaisseaux, qu'outre plusieurs défauts & inconvénients du Plomb coulé, ils avoient encore trouvé, par différentes épreuves qu'ils avoient faites, que le Plomb coulé étoit si inégal & si

* Le même Traité a été fait en France, avec la Compagnie pour le service de la Marine ; & depuis ce temps on a toujours considérablement laminé pour le Roi : tous les bâtiments royaux, les édifices publics & particuliers en sont couverts.

peu solide, qu'on ne pouvoit jamais avoir du Plomb tel qu'on le demandoit pour l'intérêt du service de Sa Majesté, à moins qu'on ne fît usage du Plomb laminé ; & pour cet effet on leur a recommandé de ne demander à l'avenir que de cette sorte de Plomb, laissant à l'écart les vieux Plombs avec leurs soudures.

» Par le second axiome, & par les » deux épreuves dont on fait mention » ci-dessus, il paroît clairement que les » Plombiers, quelque chose que pré» tendent eux & leurs partisans, ne » sauroient couler aucune quantité de » Plomb de la grandeur qu'on leur com» mandera, qui ne soit inégal d'un tiers » dans toute l'étendue de la table. Il a » été prouvé ci-devant, que le Plomb » laminé est, au moins pour cette rai» son, meilleur & d'un tiers préférable » à l'autre pour l'usage ; c'est pourquoi » quelque prix que l'on vende le Plomb

» laminé, on est forcé de convenir qu'il » coûte au moins un tiers moins que le » coulé (sans compter qu'il est plus » beau & plus luisant.) Ce n'est pas non » plus un petit avantage, d'être assuré » d'avoir du Plomb égal, clair & net, » & de l'épaisseur juste qu'on a deman- » dée. Le Plombier, au contraire, ne » procede que par estimation & par » conjecture; son Plomb est sujet à rece- » ler des trous de vent & des trous de sa- » ble, & lorsque le Plomb a ce défaut, il » tombe bientôt en déchet: au contraire » le Laminoir découvre ces trous & les » élargit, de maniere qu'il manifeste » par cela seul tous les défauts du Plomb » coulé; mais le laminé ne recele rien: » au reste, c'est bien faussement que » les Plombiers ont prétendu que par » leurs moules ils bouchent tous ces » trous, mais que le soleil les ouvre en- » suite.

» Si le Plombier coule son Plomb » de

» de maniere à en diminuer le prix ou » à l'égaler à celui du Plomb laminé; » celui qui s'y connoît, pour peu qu'il » l'examine attentivement, le trouvera » bien plus mince en quelques endroits » que le Plomb laminé, & bien plus » épais dans d'autres, de cette façon on » perdra sur une couverture au moins » vingt pour cent, comme il a été » prouvé ci-dessus.

» A l'égard du raisonnement des » Plombiers, qui disent que leur cou- » verture étant plus pesante, on en re- » tire plus d'argent, lorsqu'on la leve » pour la changer, cela ne mérite point » de réponse. *M. Hale*, dans son Aver- » tissement publié par lui-même, s'of- » fre de garantir en bon état durant l'es- » pace de quarante-un ans une couvertu- » re de Plomb laminé de cent livres pesant » pourvu qu'elle ait sept livres dans le » pied quarré: elle doit probablement du- » rer beaucoup plus long-temps; mais

» il se borne à ce nombre d'années pour » fixer un terme raisonnable : or le » poids du vieux Plomb coulé, après » quarante-un ans de service (en supposant que ce Plomb puisse durer un si » long espace de temps) qu'on prétend » devoir être payé alors en argent » comptant en le revendant, est une » chose que l'on ne peut faire valoir » que lorsqu'on ne considere ni les dommages qu'une maison a soufferts des » crevasses du Plomb coulé, par lesquelles la pluie s'est insinuée dans le » bâtiment, ni les frais causés par la » nécessité des réparations d'une pareille couverture de Plomb, qu'il a fallu » si souvent réparer & souder.

Il est, je crois, fort inutile présentement de relever les sophismes de quelques Plombiers, dans diverses feuilles qu'ils ont semées de côté & d'autres. Ces ouvriers qui ne connoissent que leur Plomb coulé, en appliquent tous les défauts aux autres especes ; ils ignorent la valeur intégrante & propre de la matiere & en raisonnent plaisamment. On lit dans une des feuilles imprimées à Rouen, sous le titre de *Plomb fondu & non laminé*, divers exemples qu'ils prétendent indiquer pour prouver les défauts du Plomb laminé. Ils citent *l'Hôtel-de-Ville*, *l'Hôtel-Dieu*, *&c.* On s'est informé des faits, & il est étonnant que la bonne-foi n'ait pas empêché de pareilles citations.

D'ailleurs on pourroit, en supposant les faits vrais, en pareil cas opposer avec avantage, exemple à exemple. Les Eglises de S. Ouen de Rouen, la Cathédrale de Paris, la fontaine d'Arcueil, les bâtiments royaux & autres ouvrages, subsistent, les uns depuis plus de quarante ans, les autres à peu près à ce terme, sans le moindre besoin de réparations. Les Eglises, au contraire, de S. Godard, S. Vivien, le Cloître des Carmes déchaussés, couverts en Plomb coulé depuis dix ans, sont à jour de tous côtés, & exigent les dépenses les plus promptes & les plus considérables : c'est ainsi que la théorie, les autorités & les exemples se réunissent en faveur du Plomb laminé. Je ne doute pas que vous ne soyez, en conséquence, plus partisan que jamais de cette avantageuse fabrique. Votre approbation intéresse les Entrepreneurs, car l'étendue de vos terres & de vos châteaux leur garantit alors de votre part une consommation lucrative.

Je me suis réservé pour la fin de ma lettre, à vous faire part d'un Certificat de l'Académie des sciences de Rouen ; ce Certificat, dont cette illustre Compagnie a bien voulu, à ma sollicitation, me délivrer les motifs, portera certainement une conviction frappante dans les esprits les plus antagonistes du Plomb laminé : vous verrez, Monsieur, que les expériences les plus décisives sont venues à l'appui de la théorie la plus lumineuse. Je vous en remets ci-joint la copie.

Si vous avez oublié le calcul de l'emploi de cette matiere, je vais y suppléer en remettant ici une note exacte des prix & des poids, & peut-être ce que j'aurai eu le plaisir de faire pour vous, deviendra utile pour tout le monde éclairé par votre exemple & votre suffrage.

Je suis avec la plus grande considération,

MONSIEUR,

Votre très-humble & très-obéissant serviteur.

AVIS

SUR LE PLOMB LAMINÉ.

LE Plomb laminé, tout fabriqué, se vend *six sols six deniers* la livre de toutes les épaisseurs d'usage dans les bâtiments, depuis une ligne & un quart & au-dessus, & celui d'une ligne *sept sols trois deniers.*

Le vieux Plomb provenant des démolitions, est reçu à la Manufacture en échange du Plomb laminé.

Les retailles ou rognures de Plomb laminé, provenant des tables livrées entieres, y sont aussi reprises.

Poids du Plomb laminé au pied quarré, suivant ses différentes épaisseurs.

Le pied quarré d'une ligne d'épaisseur pese cinq livres & demie.

Celui d'une ligne & un quart, six livres quatorze onces.

Celui d'une ligne & demie, huit livres un quart.

Celui d'une ligne trois quarts, neuf livres dix onces

Celui de deux lignes, onze livres.

Et les autres épaiſſeurs au-deſſus à proportion.

Au moyen de la connoiſſance de ce poids, les devis de plomberie ſeront certains, parce qu'on eſt en état, par un calcul, de connoître au juſte la dépenſe d'un ouvrage qu'on ſe propoſe, & par le toiſé de ſavoir ce qui y eſt entré de matiere; ce qui n'eſt pas poſſible avec le Plomb fondu, à cauſe de la grande inégalité d'épaiſſeur.

Les tables laminées ont quatre pieds huit pouces & cinq pieds de large juſques à trente pieds de long & au-deſſus.

L'on trouvera au magaſin de la Manufacture toutes ſortes d'épaiſſeurs de Plomb au-deſſous d'une ligne, propre aux ouvrages légers, ornements, à garnir des caiſſes, boîtes & autres ouvrages.

Les Entrepreneurs de la Manufacture royale de Plomp laminé invitent les perſonnes qui ont employé le Plomb fondu, à faire la comparaiſon de ce qu'ils ont payé : l'économie ne peut être moindre du tiers.

On ajoute celle ſur la dépenſe ordinaire des ſoudures, les tables de Plomb laminé ont une fois plus de longueur & de largeur que celles du Plomb coulé ſur ſable ; on épargne donc plus de moitié ſoudure, ainſi l'économie, tant ſur le Plomb que ſur la ſoudure eſt preſque de moitié.

Les Lettres-Patentes d'établiſſement du Plomb laminé, vérifiées par-tout où beſoin a été, ſont de l'année 1729. Il a été employé depuis cette époque ſans aucuns reproches dans les bâtiments du Roi, de la Ville, des Hôpitaux, des édifices publics & particuliers, tant dans la

Capitale que dans tout le Royaume.

On prévient les perſonnes qui voudront ſe ſervir du Plomb laminé, qu'il y a à la manufacture, à Paris, un Maître & des ouvriers qui poſent les Plombs, l'on y fait généralement tous les ouvrages de plomberie ; & qu'au Bureau général de ladite Manufacture, à Rouen, on indiquera les Maîtres Plombiers de la ville qui emploient le plomb laminé avec la plus grande économie & fidélité.

TARIF DU POIDS DE LA TOISE

Des tuyaux de Plomb laminé, ſoudés de long.

	Diametres,	Epaiſſeurs,	Poids.
Tuyaux de deſcentes.	4 pouces.	2 lignes.	80 livres.
	3	2	63
	2	1½	35
Tuyaux d'eaux forcées.	8	8	637
	7	7	494
	6	6	366
	5	5	261
	4	4	172
	3	3	102
	2	2	51
	1½	2	39
Tuyaux moulés.	2½		108
	2		72
	1½		55
	1		36
	9 lignes		27
	6		21

RAPPORT

De MM. les Commiſſaires nommés par l'Académie des Sciences, Belles-Lettres & Arts de Rouen, pour examiner les opérations du Laminoir,

Lu à l'Académie le 17 Juin 1772.

L'ACADÉMIE, nous ayant fait l'honneur de nous nommer pour examiner la Machine à laminer le Plomb, ſituée à Deſville, & pour prononcer ſur la qualité de ce métal qui a ſubi cette opération, nous avons cru, pour remplir les vues de la Compagnie, devoir nous tranſporter ſur le lieu, afin de voir le jeu de cette Machine ingénieuſe, ſi bien décrite par M. Rémond de Sainte Albine, & dont nous ne nous occuperons point ici, puiſqu'elle ne différe de celle qui eſt établie à Paris qu'en ce que les forces qui y ſont employées à faire mouvoir la Machine, ſont des chevaux, au lieu qu'à Deſville un courant d'eau remplit ce but; ce qui, en rendant plus uniforme la marche des cylindres entre leſquels les tables de Plomb paſſent & repaſſent pour être réduites au dégré d'épaiſſeur qu'on veut leur laiſſer, nous offre ſur celle de Paris un degré de perfection ſur lequel nous inſiſterons d'autant moins qu'il eſt plus ſenſible.

Mais ce qui nous a paru ſur-tout eſſentiel, c'étoit de conſtater l'altération que le Plomb peut éprouver, ou la perfection qu'il peut acquérir par le laminage, relativement à l'uſage qu'on en fait dans les bâtiments. Il eſt conſtant que tout ce qui augmente la ductilité & la malléabilité de ce métal, lui donnera quelque perfection, & qu'au contraire toute opération ou addition qui tendra à diminuer cette qualité, rendra ſon uſage moins ſûr.

D'après ce principe nous avons donc dû nécessairement faire des expériences propres à diriger notre jugement sur un objet intéressant pour le public, puisqu'il ne s'agit rien moins que de l'éclairer sur ses intérêts, en lui montrant jusqu'à quel point il doit accorder sa confiance soit au Plomb coulé, soit au Plomb laminé, & auquel des deux il doit la préférence: quoique nous n'ignorions pas que nous avons été prévénus dans l'examen de cette question par plusieurs compagnies savantes de Paris, & que toutes leurs décisions ont été favorables au laminage, nous pensons cependant que nous pouvons encore nous en occuper.

Le laminage est une préparation connue qu'on fait subir de temps immémorial à l'argent, au fer, au cuivre, & qui n'a été adoptée pour le plomb que dans le dernier siecle, & encore n'étoit-ce que en Angleterre, d'où elle a passé en France depuis environ cinquante années.

Le propre de cette opération eſt d'agir ſur les parties conſtituantes de l'argent, du fer, du cuivre, de façon à leur faire perdre de leur premiere ductilité, en leur donnant plus de conſiſtance ; c'eſt ce qu'on nomme écrouir, & qui oblige à recuire ces différents métaux, c'eſt-à-dire à leur reſtituer, en les remettant au feu, le phlogiſtique qu'ils ont perdu dans l'opération ; c'eſt ainſi qu'ils reprennent aſſez de ductiliré pour continuer le laminage : d'après cet effet commun à pluſieurs métaux ſoumis à cette opération, on dut naturellement penſer que le Plomb n'étoit pas hors de la regle commune, & il dut s'élever des voix contre le laminage qu'on regardoit comme propre à faire perdre à ce métal une partie de ſa malléabilité qui eſt une de ſes qualités les plus eſſentielles ; mais le laminage lui rend-il ce mauvais office ? c'eſt ce qu'il falloit examiner. MM. de la Société des Arts, en diſant dans leur Rapport, donné en 1731, que les tables de Plomb sortent d'entre *les cylindres plus flexibles & plus malléables*, nous paroîtroient avoir irrévocablement résolu la question, si leur assertion étoit étayée par des faits. Quelques spécieux que soient les raisonnements qu'on peut faire en faveur du Plomb laminé, nous n'avons cru devoir y compter qu'autant qu'ils auroient l'expérience pour base ; nous nous sommes donc spécialement proposé de la consulter pour asseoir notre décision ; & pour la rendre aussi sûre qu'elle peut l'être, nous avons fait couler une petite table de Plomb d'une ligne d'épaisseur, une autre d'une ligne & demie, & une troisieme de deux lignes ; & du Plomb du même bain soumis au laminage ; nous en avons tiré des petites tables de toutes les épaisseurs précédentes, & de chacun de ces deux Plombs nous avons fait des lames de même largeur & de même longueur que nous avons soumises aux épreuves ci-après.

Nous avons fléchi autour d'un cylindre d'acier, & cela alternativement, en sens contraire, une lame de Plomb coulé d'une ligne & demie d'épaisseur, elle s'est rompue à la vingt-quatriemeflexion, & la lame de Plomb laminé ne s'est rompue qu'à la trente-cinquieme.

Nous avons ensuite placé entre les machoires d'un étoc garnies chacune d'un morceau de bois très-lice & coupé bien quarrément, une lame de Plomb coulé de la même épaisseur que ci-dessus, afin de la fléchir à angle droit, elle s'est rompue à la cinquieme flexion, pendant que la lame de Plomb laminé, soumise à la même épreuve, a souffert sept flexions avant que de se rompre.

Cette expérience repétée, le Plomb coulé s'est rompu à la cinquieme flexion, & le laminé à la neuvieme: répetée encore, le Plomb coulé s'est rompu à la cinquieme flexion & le laminé à la septieme.

Mais

Mais l'Opérateur tenant les lames un peu au-dessus de l'endroit de flexion, & pouvant, sans le vouloir, tirer sur elles de façon à en hâter la rupture, nous avons pris la précaution de ne fléchir les lames qu'en appuyant le doigt par-derriere, & dans cette expérience, toujours faite sur des lames d'une ligne & demie d'épaisseur, le Plomb coulé s'est rompu à la septieme & le laminé à la quatorzieme flexion.

Cette derniere expérience, faite avec les mêmes précautions sur des lames de Plomb de deux lignes d'épaisseur, le Plomb coulé n'a pu soutenir que cinq flexions avant que de se rompre, pendant que le laminé ne s'est rompu qu'à la dixieme.

Des lames de Plomb de même épaisseur, soumises à la même épreuve, la différence de ductilité entre l'une & l'autre espece de Plomb, a été encore plus remarquable, puisque le Plomb coulé s'est rompu à la cinquieme flexion & le laminé à la douzieme.

Nous avons ensuite pris deux lames d'une ligne d'épaisseur, l'une de Plomb coulé & l'autre de Plomb laminé, & nous les avons chacune soumise à un flexion alternative au tour d'un cylindre, en pressant les lames par derriere avec les doigts seulement pour les mouler sur le cylindre, & cela sans tirer sur leurs extrémités, & dans cette épreuve, la lame de Plomb coulé s'est rompue à la vingt-cinquieme flexion, & celle de Plomb laminé à la cinquante-troisieme.

De nouvelles expériences nous ont donné des résultats analogues. Ayant préparé plusieurs tiges quarrées de même calibre de l'un & l'autre de ces deux Plombs, nous y avons suspendu des poids, afin de nous assurer de l'effort qu'ils pourroient supporter avantque de se rompre; & à cet égard nous avons trouvé que le Plomb laminé & le Plomb coulé se rompoient à peu près au même poids, l'un plutôt & l'autre plus tard ; mais ce qui nous a ſur-tout paru mériter attention, c'eſt que le Plomb laminé s'allonge & ſe file viſiblement avant que de ſe rompre, au lieu que le Plomb coulé cede preſque toujours tout-à-coup à l'effort.

D'après tout ces faits dont aucun n'a démenti l'excès de malléabilité du Plomb laminé ſur le Plomb coulé, nous pouvons dejà aſſurer d'une maniere bien poſitive que le laminage, bien loin d'écrouir le Plomb, de lui donner de la roideur, augmente de beaucoup ſa ductilité, qualité dont on ſent de reſte tout l'avantage dans l'emploi, puiſque l'on ſait à combien de flexions alternatives il eſt expoſé entre les mains des ouvriers avant qu'ils lui aient donné, dans certaines occaſions, la forme propre à remplir le but qu'on ſe propoſe; il eſt d'autant moins permis de douter de cette propriété du laminage, que le Plomb coulé & le laminé, soumis aux différentes épreuves dont nous venons de rendre compte, sortoient du même bain. Il est à présumer que du Plomb coulé qui seroit d'une qualité inférieure à celui que l'on destine au laminage, qui, comme l'on sait, ne peut admettre aucun Plomb aigre ou chargé de matieres hétérogenes, se seroit peut-être rompu à la troisieme flexion à angle droit & non à la cinquieme; & dans combien de circonstances les Plombs employés par des ouvriers peu intelligents, n'ont-ils pas subi cette quantité de flexions, avant que d'être placés à demeure? Aussi n'est-il pas rare de trouver des Plombs fendus & crevassés à l'instant même qu'ils viennent d'être posés. Nous observerons encore que le plomb laminé, dans toutes les épreuves que nous lui avons fait subir, s'émincit, avant que de se rompre, de maniere à présenter à l'endroit rompu le tranchant d'un ciseau, pendant que les ſames de Plomb coulé laiſſent voir dans le lieu de rupture ces aſpérités, ces grains & ces vuides que nous offrent tous les métaux aigres ; d'où l'on pourroit conclure que le laminage augmente la cohéſion & les points de contact des parties intégrantes du Plomb, en diſperſant peut-être d'une maniere plus uniforme,le fluide qui en forme les liens ; ce qui donne, pour ainſi dire, plus d'homogénéité à ce métal : on peut au moins le préſumer d'après l'énorme ductilité qu'a le Plomb réduit ſous le Laminoir à l'épaiſſeur du papier ; cette qualité du Plomb nous préſente un grand avantage toutes les fois ſur-tout que des tables de Plomb étant fixées irrévocablement à des pieces de bois, celles-ci viennent à faire, en ſe déjettant, de très-grands efforts ſur ce métal : car il eſt à préſumer que dans de pareilles circonſtances, le Plomb coulé éprouvera des crevaſſes au lieu que le laminé pourra céder à l'effort en s'allongeant, ainsi que les expériences que nous avons faites, nous l'ont démontré.

Mais ce n'est pas à la ductilité du Plomb augmentée par le laminage que se borne tous les avantages de cette opération, il en est un sur-tout qui est évident, celui de fournir des tables parfaitement égales en épaisseur, ce que le Plomb coulé, avec le plus de précaution, ne peut jamais donner rigoureusement ; & la meilleure preuve que nous puissions en fournir, c'est qu'ayant pris sur une table de Plomb coulée aussi égale d'épaisseur qu'il soit possible, une piece prise sans choix, & en ayant formé plusieurs demi-pieds quarrés, nous en avons trouvé qui différoient entr'eux de plus d'un cinquieme de leur poids, l'un de ces demi-pieds ne pesant que vingt-six onces, & l'autre trente-trois onces six gros : d'où l'on conçoit de reste que pour avoir une table de Plomb coulé, dont l'usage exige par exemple deux lignes d'épaiſſeur, cela devant s'entendre pour l'endroit le plus foible, l'excédent dans les endroits plus épais devient un ſurcroît de dépenſe inutile.

Dailleurs pour avoir des tables de Plomb coulé d'une certaine étendue & de peu d'épaiſſeur, il faut que le bain ſoit très-chaud, ce qui ne peut avoir lieu ſans que ce métal ne perde une portion de ſon phlogiſtique, ne ſe rapproche un peu de l'état de chaux, & ne devienne par-là plus aigre & plus caſſant ; nous oſons même aſſurer que la ſurface terne & raboteuſe qu'offre le Plomb coulé, nous annonce déjà une premiere couche, très-ſuperficielle à la vérité, atteinte d'altération ; ce qui eſt un déſavantage marqué, indépendamment des inégalités de ces ſurfaces, leſquelles donnent plus de priſe aux agents qui operent ſa deſtruction, au lieu que les tables deſtinées au laminage étant coulées de près de deux pouces d'épaisseur, & n'ayant d'abord qu'une étendue très-bornée, le bain de Plomb n'a pas besoin de beaucoup de degrés de chaleur au-dessus de celui qui tient ce métal en fusion, & dès-lors toute idée de calcination & de commencement d'altération par le feu s'évanouit : outre l'avantage bien réel de donner des surfaces très-unies au plomb par le laminage & de pouvoir se procurer par-là des tables tout à la fois plus larges & plus longues, ce qui est un objet d'œconomie bien remarquable dans l'emploi, par la diminution de la main d'œuvre & par la soustraction de la soudure qu'on sait être très-chere & toujours employée avec profusion par les ouvriers. Le laminage présente encore un autre avantage qui est fait pour être senti, c'est qu'il peut fournir de grandes tables de Plomb pour des usages particuliers à toutes les épaisseurs au-dessous de celles que peut donner le Plomb coulé.

Quant à un reproche que l'on fait au laminage de pouvoir déguiser ou cacher par une lame très-mince un trou qui perceroit une table, ce qui en rendroit l'usage désavantageux : pour prononcer si ce reproche est fondé ou non, nous avons pratiqué des trous à des tables d'une épaisseur considérable & nous avons vu constamment que le laminage, bien loin de réduire les trous primitifs, de les cacher, en fait au contraire une ellipse très-allongée dont le petit diametre est toujours un peu plus grand que celui du trou primitif ; d'où il résulte que le laminage ne sauroit être chargé d'une pareille imputation, vu qu'il paroît plutôt propre à mettre en évidence les défauts primitifs d'une table qu'à les pallier; mais outre tous ces avantages sommairement exposés, il est un fait connu que nous croyons devoir rapporter, c'est que tous les Plombs ne peuvent pas soutenir cette épreuve : d'où l'on peut conclure encore que cette opération eſt la vraie pierre de touche de la qualité du métal, au lieu que le Plomb coulé admet tout.

D'après toutes ces obſervations, nous n'héſitons pas d'aſſurer que le Plomb laminé mérite de tout point la préférence ſur le Plomb coulé. 1°. Par ſa ductilité plus conſidérable, qui le rend plus propre à tous les ouvrages où le Plomb eſt expoſé à des flexions répétées, comme à former des tuyaux, des cuves, des réſervoirs, &c.

2°. Par l'égalité de ſon épaiſſeur qui ne permet pas d'errer dans les devis, & qui n'expoſe pas à un ſurcroit de dépenſe inutile.

3°. Par le poli de ſes ſurfaces, ce qui donne moins de priſe aux agents deſtructeurs de ce métal.

4°. Par l'évidence que nous donne le laminage de la pureté du Plomb, ſoumis à cette opération.

5°. Enfin, par la facilité de l'emploi

par l'économie qu'il présente de la part des soudures, celles-ci étant en raison de la multiplicité des tables, & le laminage les donnant plus longues & plus larges que le Plomb coulé ; nous estimons donc que tous ces avantages réunis dans le Plomb laminé, doivent d'autant moins permettre de balancer sur le choix, que le prix du Plomb coulé & du Plomb laminé est le même.

Signés, Le Ch. DE LA MALTIERE, POULAIN, DORNAY, SCANEGATTY, DAMBOURNEY, HAILLET-DE-COURONNE & DAVID.

Collationné conforme à l'Original, par Nous Secretaires perpétuels de l'Académie des Sciences, Belles-Lettres & Arts de Rouen.

Signés, L. DAMBOURNEY & HAILLET-DE-COURONNE.

www.ingramcontent.com/pod-product-compliance
Ingram Content Group UK Ltd.
Pitfield, Milton Keynes, MK11 3LW, UK
UKHW021513260726
13993UKWH00004B/1641